U0215908

胡冀宁　唐怡　段建彬 ◎ 编著

北京科学技术出版社

图书在版编目（CIP）数据

麋鹿苑囿 / 胡冀宁，唐怡，段建彬编著. —北京：北京科学技术出版社，2019.8
（麋鹿故事）

ISBN 978-7-5714-0305-8

Ⅰ.①麋… Ⅱ.①胡… ②唐… ③段… Ⅲ.①狩猎－古典园林－介绍－大兴区
Ⅳ.① K928.73

中国版本图书馆CIP数据核字（2019）第100003号

麋鹿苑囿（麋鹿故事）

作　　者：	胡冀宁　唐　怡　段建彬
责任编辑：	韩　晖　李　鹏
封面设计：	天露霖
出 版 人：	曾庆宇
出版发行：	北京科学技术出版社
社　　址：	北京西直门南大街16号
邮政编码：	100035
电话传真：	0086-10-66135495（总编室）
	0086-10-66113227（发行部）　0086-10-66161952（发行部传真）
电子信箱：	bjkj@bjkjpress.com
网　　址：	www.bkydw.cn
经　　销：	新华书店
印　　刷：	北京宝隆世纪印刷有限公司
开　　本：	880mm×1230mm　1/32
字　　数：	171千字
印　　张：	7.625
版　　次：	2019年8月第1版
印　　次：	2019年8月第1次印刷

ISBN 978-7-5714-0305-8 / Q·164

定　　价：80.00元（全套7册）

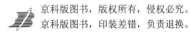

前　言

　　麋鹿（*Elaphurus davidianus*）是一种大型食草动物，属哺乳纲（Mammalia）、偶蹄目（Artiodactyla）、鹿科（Cervidae）、麋鹿属（*Elaphurus*）。又名戴维神父鹿（Père David's Deer）。雄性有角，因其角似鹿、脸似马、蹄似牛、尾似驴，故俗称"四不像"。麋鹿是中国特有的物种，曾在中国生活了数百万年，20世纪初却在故土绝迹。20世纪80年代，麋鹿从海外重返故乡。麋鹿跌宕起伏的命运，使其成为世人关注的对象。

目　录

"苑囿"一词起源于3000多年前的殷商末年。从商纣王建"沙丘宫"到唐代著名的"华清宫"，历代帝王多热衷于苑囿的修建。《康熙字典》中曾这样描述："囿者，筑墙为界域，而禽兽在其中也。"苑囿即为筑有苑墙、豢养动物的园林别苑。

　　历史上，南海子曾是辽、金、元、明、清五朝的皇家猎苑，元、明、清三代的皇家苑囿，在清末民初内忧外患的战火中彻底走向衰落。新中国成立后，南海子地区成立了红星公社，改革开放又促使麋鹿苑的建成。现如今麋鹿苑与750公顷的南海子公园并称为北京城南最大的湿地郊野公园。

一、古代苑囿的兴起

1. 鹿台灵囿

有关"苑囿"的古籍文字记载，早期见于《史记·殷本记》的"鹿台"。在民间文学的描写中，商纣王耗时七年，建造宫廷楼榭数百间，斗拱飞檐，雕梁画栋，富丽堂皇，豪华盖世，谓之"鹿台朝云"。

在《诗经》中有一篇先秦时代的诗歌《大雅·灵台》，其中有"王在灵囿，麀鹿攸伏……王在灵沼，於牣鱼跃"的文字记载，描述的是周文王在灵囿、灵沼的游观之乐。说明在西周时期，周王除修造城垣宫殿外，还建造了灵囿、灵沼等一系列集祭祀、狩猎、游赏等多种功能于一体的礼制建筑群。

2. 苑囿典范

关于苑囿，《史记》《左传》中多有记载，而上林苑是被后人熟知且在中国历史上最负盛名的苑囿之一。上林苑最初为秦代修建，汉武帝即位后进行了扩建，是我国最早的"植物园""动物园"，更是秦汉时期宫苑建筑的典型。《上林赋》曰："终始灞浐，出入泾渭。酆镐潦潏，纡馀委蛇，经营乎其内。"《汉旧仪》载："上林苑中以养百兽……天子秋冬射猎，取禽兽无数。"上林苑是秦汉时期规模最大、最有代表性的皇家园林。

　　先秦时期，麋鹿种群十分繁盛，古籍中关于麋鹿的记载也多有出现，如《孟子·梁惠王上》中"王立于沼上，顾鸿雁麋鹿"，齐宣王曾规定在他的园囿中"杀其麋鹿者如杀人之罪"。在这个时期，麋鹿开始进入帝王苑囿，使其在客观上受到了保护。

二、五朝三代的皇家苑囿

辽金肇始，元明拓展，清代鼎盛，南苑经历了辽——四时捺钵、金——春水秋山、元——下马飞放泊、明——南海子、清——南苑5个历史时期，具有生态保障、游幸狩猎、大阅演武、政务活动等功能，是古代北京地区规模最大、历史最悠久的皇家游猎场所，麋鹿是其中主要的动物之一。

1. 辽——四时捺钵

隋唐时期，西辽河上游的一支少数民族——契丹族逐渐崛起，随后建立了辽王朝。契丹是源于鲜卑族的一支游牧民族，善骑射，以游牧、狩猎和捕鱼为业。辽定"南京"（即今北京）为陪都之后，辽太宗将"南京"郊外一带新辟为"春捺钵"的场所，主要围猎麋鹿、黄羊等野生动物。

捺钵：契丹语，本义行宫、行营、行帐，引申指称帝王的四季渔猎活动，即所谓的"春水秋山，冬夏捺钵"，合称"四时捺钵"。

▲ 辽代壁画，描绘的场景是首领的侍从和猎人
备好弓箭、带着猎鹰，准备进行春捺钵

2. 金——春水秋山

1115年，活跃在松花江一带的女真族建立金朝。金灭辽后，于贞元元年（1153）迁都燕京，并改名为中都。金主完颜亮常率近侍狩猎于南郊，并在中都城南修建建春宫，设"围场"，这是古代北京地区最早的皇家苑囿雏形。

春水秋山：契丹等北方游牧民族于春、秋季开展的渔猎活动，称为"春水""秋山"。

▲ 金代 春水玉 鹘啄鹅饰件（国家博物馆藏）。春水玉是反映春季进行狩猎时，放海东青捕猎天鹅场景的玉雕

▲ 海东青

3. 元——下马飞放泊

13世纪初，我国北方的又一支游牧民族——蒙古族日趋强盛。忽必烈建立元朝后于至元四年（1267）在金中都旧城东北营建大都。在大都（今北京城）南郊湖沼处多设猎场，称"下马飞放泊"。至大元年（1308）立鹰坊为仁虞院，筑晾鹰台，建幄殿。

下马飞放泊："飞放"是在湖沼纵鹰捕杀鹅雁的狩猎活动，元代盛行。南海子一带湖沼因距大都城较近，故名"下马飞放泊"。

▼ 晾鹰台遗址

4. 明——南囿秋风

明永乐十二年（1414），朱棣下令扩充元"下马飞放泊"，四周筑起土墙，开辟四门，即北大红门、南大红门、东红门、西红门，命名曰南海子，先后在此处修建提督官署、关帝庙、镇国观音寺及二十四园（依二十四节气）等，并派千余海户放养守护。明朝的南海子，已成为京城著名的皇家苑囿，被誉为"燕京十景"之一，其名曰"南囿秋风"。

《南囿秋风》

李东阳

别苑临城辇路开，天风昨夜起宫槐。

秋随万马嘶空至，晓送千旄拂地来。

落雁远惊云外浦，飞鹰欲下水边台。

宸游睿藻年年事，况有长杨侍从才。

▲ 麋鹿苑秋景

5. 清——皇家苑囿

1644年，清朝定都北京。清初南海子被重修，更名南苑，先后增加5个门，设13座角门，修建了旧衙门行宫、新衙门行宫、南红门行宫、团河行宫4处行宫，以及德寿寺、宁佑寺、元灵宫、永慕寺、宁佑庙等20多处庙宇，面积达216平方千米。南苑中湖沼如镜，林木葱茏，鹿鸣双柳，虎啸鹰台，生机勃勃，与紫禁城、"三山五园"遥相辉映。

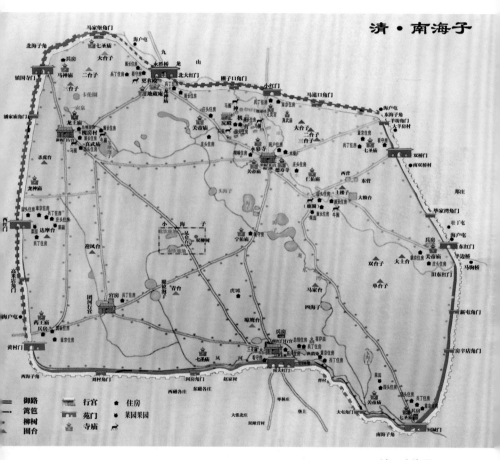

▲ 清·南海子

▲ 清《乾隆皇帝射猎图》（郎世宁）

▲ 《大阅第三图·阅阵》局部 乾隆及护卫

三、麋鹿苑囿的前世今生

1. 清朝末年——招佃垦荒，驻军要地

清朝末年，国事日艰，内忧外患，南海子苑囿也走向衰落。由于实施招佃垦荒，南海子变成了官宦旗人、上层太监、富豪绅商的私家庄园，招来贫苦农民，垦荒种田，这些农民与早期清内务府派驻的苑丞、防御、鹿户等为数众多的满族旗人逐渐形成了一座座自然村落。

清咸丰十年（1860），英法联军入侵北京，清军战败并签订了丧权辱国的《北京条约》。朝廷大臣纷纷上书，奏请整顿京师武备以御外辱。咸丰十一年（1861），垂帘听政的慈禧太后下懿旨组建火器部队神机营。自此，南苑正式成为清廷屯兵操练、拱卫京师的驻军要地。民国时期，军阀混战，南苑成为京畿军事要地。

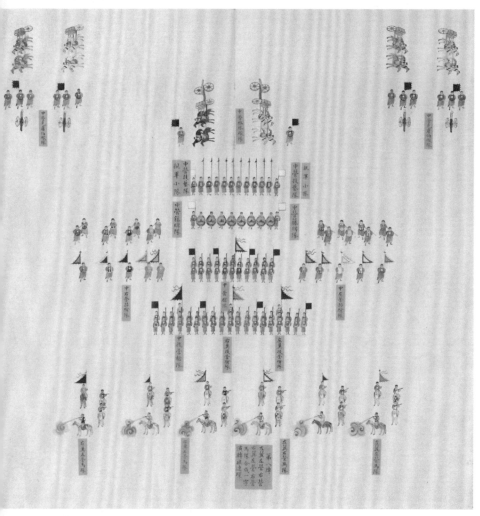

▲ 《神机营合操阵式图 南苑操练》。清咸丰十一年（1861）在南海子（南苑）建立神机营，是清晚期在内忧外患的压迫下创建的一支使用新式武器的禁卫军。

2. 新中国成立——南郊农场，红星公社

新中国成立后，这片土地终于迎来了新生。私人庄园被征收后分给贫苦农民，南海子地区在经过互助组、合作社阶段后，又成功建立"红星集体农庄"。南海子地区组建的大型农业经济组织南郊农场（红星公社），成为北京郊区重要的副食品生产基地。

南海子中的三海子，是其中最大的海子，新中国成立后归属南郊农场。周边其他海子都建成了养鱼池，唯有占地面积近千亩的三海子保留着湖沼荒泽的郊野风貌，成为麋鹿繁衍栖息的理想之地。

▲ 1983年的南海子（李丙鑫/摄）

3. 改革开放——麋鹿苑，生态博物馆

1985年，为了纪念麋鹿重归故土，并进一步开展麋鹿科学研究与物种保护，麋鹿苑成立，地处历史上南海子皇家猎苑的核心区域（三海子）。历经三十余年的发展壮大，麋鹿苑从最初由南郊农场无偿提供的900亩土地，发展到现在拥有超过5000平方米的科普楼与实验室，具有雄厚的科研科普实力。

麋鹿苑立足科学研究，将生态文明及爱国主义教育结合起来，将环境教育与中华传统文化统一起来，成为国家级科普教育基地。在科普楼博物馆里，"麋鹿沧桑""世界之鹿"展览相继推出；户外生态教育主题科普设施林立；内容丰富、形式多样的科教课程异彩纷呈。麋鹿苑发挥着向社会公众开展生物多样性保护教育、传播生态文明理念、传唱生态文明赞歌的科普职能，为生物多样性研究保护工作打下了坚实基础，在物种保护与研究、自然科普教育领域享有盛誉。

▶ 实验室

▶ 科普楼

▲ 博物馆

▲ 麋鹿回归纪念园

▲ 生态主题科普教育设施区

▲ 生态主题科普教育设施区

▶ 世界鹿类雕塑广场

◀ 中华护生诗画

2009年，北京城南行动计划落地实施，南海子郊野公园破土动工，皇家苑囿遗留的自然村落搬迁，麋鹿苑内部湿地景观恢复工程有序推进，使得南海子地区衰败破旧的落后面貌重焕新颜，再现了历史上南海子湿地泽渚川汇、荻荡秋风的优美自然风貌。2018年，北京生态博物馆建设规划落地麋鹿苑，承载着麋鹿工作者30多年期望与心血的工程终于启动，麋鹿苑将开启苑囿建设的新篇章。

　　麋鹿苑，秉承皇家猎苑的历史文脉，发扬麋鹿工作者拼搏不息的精神，在科研之苑、科普之苑、文化之苑的生态建设道路上笃定前行。

▲ 南海子公园

▲ 麋鹿苑（张宇晨/摄）